AF586259

DE

L'ÉCLAIRAGE AU GAZ

DANS

LES MAISONS PARTICULIÈRES.

DE

L'ÉCLAIRAGE AU GAZ

DANS LES MAISONS PARTICULIÈRES.

TRADUIT DE L'ANGLAIS

PAR J. GATLIFF ET P. PERS.

PARIS

IMPRIMERIE DE A. GUYOT ET SCRIBE,

Rue Neuve-des-Mathurins, 18.

1856.

DE L'ÉCLAIRAGE AU GAZ

DANS

LES MAISONS PARTICULIÈRES.

Avantages de l'éclairage au gaz.

La supériorité de l'éclairage par le gaz de houille sur tous les autres moyens de produire de la lumière, est reconnue depuis trop longtemps en Angleterre, pour qu'il soit nécessaire d'en rechercher et d'en faire valoir les avantages.

Une de ses propriétés, qui semble jusqu'à ce jour être moins bien comprise, c'est son application aux besoins domestiques; mais si le gaz est rarement employé pour l'éclairage particulier, cela tient plutôt au défaut de connaissances qu'à la prévention même ou à toute objection fondée. Il y a des milliers de familles qui s'empresseraient de supprimer l'ancien attirail, si le bon marché, la sécurité et tous les avantages du gaz leur avaient été convenablement expliqués. Or, sur qui retombe le devoir de fournir ces explications, sinon sur les fabricants de gaz, et sur tous ceux qui sont intéressés à sa grande consommation ?

Quoique l'usage du gaz dans l'éclairage particulier ait déjà fait quelques progrès et s'accroisse journellement, un grand nombre des avantages pratiques de ce genre d'éclairage ont encore besoin d'être développés. Il y a beaucoup de fait, il reste encore plus à faire. L'avenir est encourageant, le succès certain ; mais on n'aura ce succès qu'au prix d'efforts intelligents et persévérants. Il faut faire ressortir encore, et toujours, les bienfaits de cet éclairage. S'il y a des difficultés, elles ne sont pas tellement grandes qu'elles ne puissent être surmontées; s'il y a des préjugés, ils ne sont pas tellement forts qu'on ne puisse les détruire. Plus nombreuses sont les difficultés réelles ou imaginaires, plus il importe d'en avoir raison; et le mérite d'avoir déraciné les préjugés s'accroîtra de toute la profondeur de leurs racines.

Hier encore, le gaz était à peine toléré ; aujourd'hui il est déjà accueilli avec satisfaction. C'était un objet de luxe ; il est classé maintenant parmi les nécessités de la vie sociale, et son usage se multiplie à mesure que ses propriétés et ses avantages sont mieux compris. Il fut un temps où l'emploi du gaz pour l'éclairage d'une porte-cochère, d'un vestibule, d'une chambre de domestique, était considéré comme une expérience très-hasardeuse ; maintenant nous le voyons en haute faveur dans les palais, dans les salons, dans les salles à manger, dans les bibliothèques et tous autres appartements de la noblesse, de la magistrature, de la banque, du commerce, et généralement de toutes les professions libérales.

S'il est incontestable que le gaz fournit la lumière la plus pure et la plus brillante, il n'est pas moins évident qu'elle est aussi la moins coûteuse. Il ne faut pas non plus s'arrêter à cette idée, qu'il n'est applicable que dans les grandes pièces ou dans les établissements importants. Toutes les raisons qui ont fait supprimer dans ces établissements les lampes et la bougie, pour y substituer le gaz, comme plus convenable, d'un usage plus commode et d'une dépense moins onéreuse ; toutes ces raisons, disons-nous, ont la même force et la même valeur quand il s'agit d'appartements plus petits à l'usage de toutes les classes de la société. Le temps viendra, et nous croyons qu'il est proche, où il sera si facile d'installer et d'employer ce mode d'éclairage, que tous pourront participer aux avantages de commodité et d'économie qu'il présente, l'ouvrier aussi bien que le patron.

La supériorité du gaz ne consiste pas seulement dans le bon marché relatif de sa lumière comparée à celle que nous fournissent le suif, l'huile ou la cire. Il présente encore d'autres avantages qui nous paraissent préférables à son bas prix, savoir : la commodité, la propreté, la sécurité.

Sans exiger aucun préparatif pour son emploi, le gaz fournit sa lumière instantanément, lumière qui peut être augmentée ou diminuée suivant les besoins, et toujours avec la plus grande facilité. Devient-elle inutile, elle disparaît avec la rapidité de la pensée.

Outre une grande économie de temps et une diminution considérable dans le travail du service dans les maisons particulières où le gaz est employé, il en résulte encore une propreté bien plus grande. Plus de chandeliers ni de mouchettes à nettoyer, plus de lampes à entretenir : en même temps, les meubles n'étant plus exposés aux taches de suif ou d'huile demandent moins de soins, et surtout n'ont pas besoin d'être aussi souvent renouvelés.

Sous le rapport de la sécurité, le gaz présente des avantages incontestables. Sa lumière n'offre jamais ce danger si fréquent des étincelles qui tombent des chandeliers ou des lampes, pendant qu'on les allume, qu'on les mouche ou qu'on les éteint. D'autre part, le bec de gaz étant fixe, avec lui disparaît cette déplorable habitude de transporter la lumière de place en place, de l'abandonner dans des endroits dangereux, ou de l'éteindre imparfaitement en soufflant dessus.

Objections à son emploi.

L'odeur toute particulière du gaz d'éclairage est souvent présentée comme un des inconvénients de son emploi. Combien l'objection serait plus forte, s'il était privé de cette odeur. Elle avertit immédiatement de la présence du gaz non brûlé, et fait connaître d'une manière certaine qu'il y a quelque chose en mauvais état. Quand il y a une fuite, ouvrez la porte et les fenêtres de l'appartement, faites la recherche (jamais avec une chandelle allumée), et la place de cette fuite étant bientôt connue, il sera facile d'y apporter remède.

Les fuites sont un inconvénient accidentel, mais non nécessaire du gaz. Si le gaz se perd quelquefois sans besoin, il a cela de commun avec l'eau, le vin, la bière, et tous autres liquides pour la garde et la conservation desquels il est nécessaire d'avoir des tuyaux et des robinets. Mais nous n'avons jamais entendu dire que l'usage du vin ait été proscrit nulle part, parce que le vin pouvait se répandre accidentellement dans la cave faute de soin. Il est extrêmement facile d'introduire le gaz dans toutes les pièces d'une habitation sans le moindre danger : qu'on apporte seulement à cette partie du service la même attention qu'aux soins les plus ordinaires du ménage, et ce sera grandement suffisant.

Une fuite accidentelle de gaz, même dans un espace très-restreint, n'offre aucun danger pour la santé. Quelques personnes, aussitôt qu'elles ressentent cette odeur, paraissent craindre d'être empoisonnées ou tout au moins asphyxiées. Elles feraient bien mieux d'éviter des odeurs autrement désagréables ou malsaines, provenant des fosses d'aisance, de plombs mal entretenus, de ruisseaux ou d'égouts mal nettoyés, ou encore d'appartements trop remplis de monde et mal ventilés.

On objecte très-communément contre l'usage du gaz que la chaleur produite par sa combustion est insupportable, et qu'il altère la couleur des tentures et les dorures.

Les produits fournis par la combustion du gaz sont exactement les mêmes que ceux de la combustion de la cire, du suif ou de l'huile. Avec du gaz bien épuré et brûlé d'une manière intelligente, il y a même moins de risque de décoloration des murs et des plafonds, et de dégradation pour les parties les plus délicates et les plus précieuses de l'ameublement.

Précautions à prendre.

Lors de l'installation du gaz dans une habitation particulière, il convient de prendre en considération les dimensions des diverses pièces, leur situation respective, leur éclairage par la lumière du jour, l'usage que l'on veut faire du gaz, etc. De même que pour la construction d'une maison, il faut connaître d'avance le nombre, les dimensions, la place des portes, des fenêtres, des cheminées.

On a trop l'habitude de sacrifier l'utile à l'agréable, la commodité aux apparences : un certain nombre de becs sont appliqués aux murs ou suspendus aux plafonds, sans que l'on ait même calculé la lumière qu'ils produiront, ou adopté un système quelconque pour faire disparaître l'excédant de chaleur.

Lorsque le gaz est brulé dans de bonnes conditions, la chaleur qu'il produit est proportionnée à la lumière; il en est de même des autres substances, telles que le suif, la cire ou l'huile. En d'autres termes, quelle que soit la substance employée, à égalité de lumière, il y a aussi très-approximativement égalité de chaleur. Delà, la nécessité d'employer des becs de la construction la plus parfaite, c'est-à-dire donnant le plus de lumière avec le moins de gaz possible.

Ventilation.

Une distribution judicieuse des becs n'est pas d'une moindre importance, tant comme mesure d'économie qu'au point de vue de la commodité : ils ne doivent être ni plus nombreux ni plus grands qu'il n'est nécessaire.

En thèse générale, il est préférable dans les salons et dans les salles à manger de suspendre les becs aux plafonds; dans cette position, au-dessus des yeux, la lumière se répand plus également et l'usage en est plus naturel et plus agréable pour les besoins ordinaires.

Lorsqu'il s'agit d'installer le gaz dans une petite pièce, éclairée précédemment par deux ou tout au plus par quatre chandelles, en supposant qu'on n'y mette qu'un seul bec (Argand), dont la lumière équivaut à celle de dix ou douze chandelles, est-il bien étonnant de trouver cette pièce surabondamment chauffée? Ainsi, il arrive presque toujours, dans la substitution du gaz aux lampes ordinaires, que l'on remplace chaque lampe par deux becs, et souvent davantage, sans songer que la lumière, et par conséquent la chaleur, s'accroîtront beaucoup.

Donc, l'augmentation de chaleur et l'altération plus rapide de l'air doivent être attribuées à l'accroissement de la lumière. En réduisant la consommation du gaz à une quantité de lumière égale à celle que l'on obtenait de la chandelle ou des lampes, les inconvénients qui peuvent résulter de la combustion sont les mêmes dans les deux cas. Ces observations doivent toujours être présentes, quand il s'agit d'employer le gaz; elles montrent, en outre, la grande importance d'un bon système de ventilation.

Il est plus facile de faire des phrases sur ce sujet de la ventilation que de donner des instructions générales parfaitement applicables dans tous les cas. L'intelligence des premiers principes et l'observation de quelques phénomènes les plus élémentaires, diminueraient singulièrement les difficultés. Cependant, il y a dans la pratique une si grande diversité d'opinions et de procédés, qu'il semble qu'on ait pris à tâche de dédaigner, de renverser, ou tout au moins de mettre en oubli les indications fournies par la nature, notre guide le plus sûr. Remplacer l'air chaud et corrompu d'un appartement par une égale quantité d'air frais et pur, voilà le but ; et ce but peut être atteint par un système quelconque de bon fonctionnement, d'une surveillance aisée, dans lequel on aura tenu compte des variations de température et de saison. Du reste, une des conditions essentielles d'une bonne ventilation consiste dans le mouvement égal et facile de l'air, mouvement suffisant pour opérer une substitution complète, mais incapable de déterminer un courant incommode, ou même perceptible.

Ce remplacement de l'air doit se faire d'une manière régulière, et non par intermittences. Dans une partie quelconque de la maison, communiquant par des passages aux pièces principales, on pratique une ouverture par laquelle l'air extérieur puisse pénétrer de nuit et de jour, en tout temps, en toute saison. Les dimensions d'un appareil ventilateur, la place qu'il doit occuper, les moyens de surveillance, tout cela est trop dépendant de la nature des lieux et d'autres circonstances, pour qu'il soit possible de nous en occuper. Le résultat le plus important sera obtenu par l'introduction continuelle et suffisante d'air frais, sans avoir tenu compte des quantités introduites accidentellement par l'ouverture des portes et des fenêtres. Si nous sommes certains de cette entrée de l'air pur, nous n'avons pas à nous préoccuper de la sortie de l'air vicié : il est certain que celui-ci est mis en mouvement et remplacé par celui-là, car il est évident que l'un et l'autre ne peuvent occuper la même place en même temps. Nous n'avons pas besoin de nous apercevoir que l'atmosphère qui nous environne est mise en mouvement ; il n'est même pas désirable qu'il en soit ainsi ; pourvu que nous ayons la preuve que ce mouvement existe, cela est parfaitement suffisant.

La perfection de l'éclairage au gaz consiste donc à avoir une bonne lumière, bien placée à l'endroit le plus utile, et un renouvellement constant de l'air, opéré sans mouvement sensible. Ces conditions sont facilement obtenues par l'emploi des appareils à gaz ventilants, construits de manière à rejeter au-dehors l'air échauffé et les résidus de la combustion. Ils contribuent aussi à la salubrité de l'atmosphère dans les appartements, en expulsant l'air vicié par la respiration ou par toute autre cause. Ce résultat s'obtient au moyen d'un tube dans les appareils, lequel s'élève jusqu'au plafond, et est continué de la manière la plus convenable jusqu'à la cheminée, ou à une issue construite exprès. Ces sortes d'appareils sont maintenant employées par centaines. La construction en est simple et en même temps élégante ; ils fonctionnent parfaitement et peuvent s'adapter avec la même facilité dans les salons, dans les salles à manger, dans les bureaux, dans les ateliers. Leur application est surtout convenable chez les joailliers, les bijoutiers et tous ceux dont les travaux se font dans des pièces généralement fermées.

Il y a une autre objection contre l'usage du gaz, trop souvent renouvelée pour que nous voulions passer outre sans la réfuter. C'est cette croyance assez commune que la lumière du gaz est dangereuse pour la vue.

Pendant plus de vingt ans de recherches et d'observations, nous n'avons jamais connu une seule personne dont la vue eut été affectée par cette cause. En outre, il est parfaitement inutile de s'exposer à une lumière trop forte, lorsqu'il y a un moyen si facile de la réduire à la quantité nécessaire pour le travail dont on s'occupe. D'ailleurs il est bien reconnu que l'insuffisance de lumière dans les occupations les plus communes de la vie ordinaire, telles que la lecture, l'écriture, les travaux d'aiguille, a causé plus de désordres dans la vue que si ces occupations, ou d'autres plus difficiles, eussent été accomplies avec une lumière plus convenable, et aussi aisément qu'en plein jour.

Rappelons ici que s'il est important d'avoir une lumière brillante, il ne l'est pas moins de l'établir à une place convenable. Elle doit toujours être au-dessus de la vue : les chandelles ou les lampes sont généralement trop près de la ligne visuelle pour être commodes ou même sans danger.

Installation des appareils.

L'installation du gaz dans une maison doit se faire

aussi simplement que possible, et être proportionnée aux besoins. Toutefois, il ne peut être qu'avantageux d'employer des tuyaux un peu plus larges qu'il n'est nécessaire. La distribution du gaz s'y opère d'une manière plus facile et plus uniforme; d'ailleurs, s'il devient nécessaire d'ajouter plus tard un certain nombre de becs, cette addition peut se faire au moyen d'une dépense insignifiante, et sans l'obligation de sacrifier l'ancien appareillage. On doit toujours chercher, autant que les circonstances le permettent, le chemin le plus court pour conduire le gaz au bec qui doit le brûler : l'emploi des tuyaux en fer est de beaucoup préférable. Qu'il nous soit permis de faire aussi une recommandation qui intéresse également la commodité et la sécurité : c'est d'établir des robinets partout où il est nécessaire pour délivrer le gaz, ou le supprimer, suivant les besoins, à chaque étage de la maison.

Il y a une économie réelle à n'employer pour les travaux d'installation que des ouvriers intelligents et expérimentés, quoique leurs prix soient quelquefois un peu plus élevés. Quand un système d'appareils est bien établi, avec des matériaux de bonne qualité, il constitue une des parties les plus solides et les plus durables de la maison. Si au contraire les travaux sont confiés à un ouvrier incapable, offrant à plus bas prix que ses confrères, il est plus que probable que de prochaines et coûteuses réparations viendront vous désillusionner d'un bon marché imaginaire, ou que le gaz sera fourni insuffisamment dans certaines parties de la distribution; ou, ce qui est encore plus désagréable, qu'il se manifestera quelque part une fuite ou une obstruction (par la condensation de la vapeur), et souvent dans les endroits les moins accessibles aux recherches. En ceci comme en beaucoup d'autres choses, un peu de bon sens suffirait pour bien faire; mais c'est le malheur de certaines personnes de tout connaître, excepté les choses les plus usuelles et les plus ordinaires : d'autres se croient trop savants pour admettre qu'ils puissent s'instruire encore davantage, ou bien ils ont une telle confiance en eux-mêmes, qu'ils refusent de reconnaître leurs erreurs. Il n'en est pas moins vrai que les frais d'un changement à faire dans une installation mal établie d'abord par un appareilleur incapable, s'élèvent à plus de moitié de la dépense primitive.

Il y a tant de variété dans les appareils de distribution du gaz, que le choix est purement une affaire de goût. Pour les passages ou corridors, les escaliers, les chambres à coucher et celles des domestiques, il ne faut que peu d'ornements : le moins est peut-être le mieux. Mais dans les pièces plus importantes, on doit considérer tout à la fois leurs dimensions relatives, le mode d'ornementation de l'architecture, la forme et la richesse de l'ameublement, de telle sorte que la disposition de la lumière s'accordant avec les autres parties de l'appartement, complète l'harmonie générale de l'ensemble. La couleur des murs et du plafond, et même celle du meuble, contribuent pour leur part à la puissance et à l'économie de l'éclairage : l'heureux emploi des couleurs qui réfléchissent le mieux la lumière, produit l'effet le plus agréable et a surtout pour avantage de conserver sans altération l'apparence du teint naturel de la figure.

Pour arrêter son choix sur le genre d'ornements qui convient le mieux, l'œil sera puissamment aidé par les albums que tous les bons appareilleurs ont, ou doivent avoir chez eux. Ces albums contiennent les dessins des installations les plus usuelles et du meilleur goût, et la comparaison des divers genres guidera le choix de l'acheteur vers celui qui lui paraîtra le plus convenable.

Appareils mobiles.

Il existe une espèce d'appareil à pompe ou à télescope, disposé pour un ou plusieurs becs, qui nous paraît très-commode : il peut s'allonger de cinquante centimètres à un mètre et plus, suivant la hauteur de la pièce, et être remonté pendant le jour. Cet appareil, dont on fait de très belles variétés, est arrivé à être d'un prix si modéré, qu'il coute à peine maintenant le tiers de ce qu'aurait couté il y a quelques années la forme la plus simple et la plus ordinaire.

Nous appelons également la plus sérieuse attention sur les moyens de mobiliser les lumières, soit par l'appareil décrit ci-dessous, soit par les genouillères à un ou plusieurs joints, soit encore par les tuyaux en caoutchouc vulcanisé. Dans beaucoup de cas, ces moyens se recommandent par leur commodité et aussi par l'économie de gaz qui en résulte, puisque la lumière, mise à la portée du besoin, ne demande pas d'être aussi intense ; et si cette considération d'économie a son importance, il ne faut pas non plus perdre de vue que, par les raisons déjà indiquées, la chaleur sera diminuée dans la même proportion que la lumière.

Quels que soient le plus ou moins d'importance de l'installation, la richesse ou la simplicité des appareils, la dépense totale et le mode de paiement doivent être convenus avec l'entrepreneur avant le commencement des travaux. S'il a une expérience suffisante, il doit pouvoir fournir un devis estimatif exact, suivant la disposition et le nombre des becs. Beaucoup de personnes sont bien aises de connaître d'avance ce qu'elles auront à payer, et c'est d'ailleurs le moyen le plus sûr d'éviter toute discussion.

Nature du bec brûleur.

Dans un grand nombre de cas, la forme de bec la plus usitée est le bec Argand, et parmi les différentes grandeurs celui de quinze trous est le moins dispendieux. Il brûle le gaz dans les meilleures conditions possibles. En d'autres termes, d'une même quantité de gaz il tire la plus grande quantité de lumière. Beaucoup d'autres becs, d'un système plus nouveau lui sont inférieurs sous le rapport de l'économie. Quelques-uns, qui ont été fabriqués dans le but d'obtenir une combustion plus active au moyen d'un courant d'air dirigé sur la flamme, conviennent parfaitement dans certains cas où l'on a besoin d'une lumière brillante dans un espace restreint, et lorsque la circulation peut être constamment entretenue. Ce genre de becs doit être rejeté des appartements particuliers et de tout endroit fermé.

Quels que soient le nom, la grandeur ou la forme des becs, le principe est toujours le même, et son application n'offre pas beaucoup de variété. A conditions égales, d'ailleurs, plus la combustion est paisible et complète, plus grande est la somme de lumière produite ; au contraire, quand la combustion est agitée et imparfaite, il faut pour obtenir la même quantité de lumière, une consommation de gaz plus grande, qui a encore l'inconvénient d'augmenter la chaleur. Pour quelques personnes, la question de dépense est insignifiante ; si cependant elles se trouvent incommodées de la chaleur et ne prennent aucune mesure pour s'en débarrasser, elles ne doivent pas oublier que c'est à la forme du bec et non au gaz lui-même qu'il convient d'en faire le reproche.

Quelques fabricants de becs, pour faire valoir leurs produits, promettent des économies fabuleuses de consommation, et donnent à leurs promesses une certaine apparence de fondement. Il faut beaucoup se défier de ces belles espérances, et ne pas oublier qu'il y a loin des expériences paisibles faites dans une chambre d'essai aux résultats pratiques d'une fabrication courante. Nous sommes chauds partisans du progrès, et nous voulons pour lui la publicité la plus large ; mais, à nos yeux, des changements insignifiants ou même une simple modification de nom ne sont pas le progrès.

Les becs employés dans l'éclairage des magasins ou des lieux publics ne conviennent plus quand il s'agit des appartements particuliers. Les conditions sont tout autres, et cette différence ne doit jamais être perdue de vue. Les portes des magasins restent ouvertes en beaucoup d'endroits, et cette circonstance contribue pour une bonne part à faciliter la ventilation. Entre marchands voisins, il ne s'agit plus seulement de rendre la marchandise visible ; c'est à qui éclairera plus splendidement sa devanture ; et croyez-vous que cette rivalité ne s'accroîtra pas encore par la diminution du prix du gaz ? Peu leur importe aujourd'hui telle ou telle forme de bec plus ou moins économique : une lumière magnifique, de brillants effets, voilà ce qu'il faut obtenir.

Au double point de vue de l'utilité et de l'économie, le bec papillon, ou queue de poisson, est celui qui doit être le plus généralement employé dans les maisons particulières. On en fait aujourd'hui de toutes grandeurs, pouvant s'appliquer à toutes les variétés d'installations, et, lorsqu'ils sont enfermés dans des globes bien appropriés à leur forme, ils produisent le plus bel effet. Ils ont été en dernier lieu l'objet de nombreuses modifications, presque toutes dans le sens d'un emploi plus avantageux et d'un goût plus convenable.

Ces énormes tuyaux, qui par leur diamètre semblaient plutôt destinés à supporter les plafonds qu'à y être suspendus, ont été remplacés par des formes élégantes et légères qui offrent le double avantage de l'ornement pendant le jour et de l'utilité pendant la nuit. Le bénéfice de cette modification est évident : un lourd appareillage demande, pour l'uniformité, des becs et des verres de grande dimension. Ceux-ci, par l'étendue de leur surface de rayonnement, contribuent encore à augmenter la chaleur, tandis que leurs larges ombres interceptent la lumière qu'ils sont censés répandre. En outre, ils occasionnent des plaintes sur la dépense dans les temps de cherté et en tout temps sur la trop grande chaleur des appartements.

Les lustres à gaz ont éprouvé une baisse considérable de prix. Leur forme est telle que les porte-becs s'y adaptent parfaitement. On peut les employer à l'éclairage des pièces, quelles qu'en soient la dimension et la hauteur, avec autant de facilité qu'un appareil ordinaire, et dans des prix si peu élevés que personne n'aura à s'en effrayer.

Dans la plupart des maisons, il y a certaines pièces, ou un passage, ou encore un escalier, pour l'éclairage desquels une seule lumière est grandement suffisante. On doit, dans ce cas, y établir un petit bec papillon, ou un bec d'un seul jet, donnant au plus la lumière d'une chandelle : la dépense d'un bec de ce genre n'excède pas quinze à vingt francs par an.

Économie.

Le seul vrai moyen de comparer la dépense du gaz avec celle du suif, de la bougie ou de l'huile, c'est d'obtenir de chacune de ces substances des quantités égales de lumière, ces substances étant d'ailleurs employées dans les conditions les plus favorables et suivant les procédés de la pratique ordinaire. Lorsque l'on commence à se servir de gaz, il est rare que l'on se contente de la quantité de lumière que l'on avait auparavant. Toutefois, tant que l'augmentation sera maintenue dans une proportion modérée, elle n'influera pas d'une manière sensible sur les calculs qui vont suivre, par cette raison qu'un peu de soin suffit à prévenir toute perte inutile de gaz, tandis que les précautions les plus attentives ne parviendront jamais à supprimer complètement le gaspillage de la chandelle ou de l'huile.

Adoptant comme termes de comparaison les prix actuels à Paris (janvier 1856), nous montrons dans le tableau ci-dessous la dépense relative d'une égale quantité de lumière, obtenue d'un côté par le gaz, de l'autre par chacun des autres combustibles de l'éclairage :

1 kilogramme d'huile coûte.	1 fr.	90 c.
1m393 de gaz, donnant la même quantité de lumière coûte.	»	42

1 kilogramme de chandelle, coûte....	2	»
1m333 de gaz, donnant la même quantité de lumière, coûte..................	»	40
1 kilogramme de bougie de l'Étoile, coûte..............................	3	80
1m785 de gaz, donnant la même quantité de lumière, coûte.................	»	53

Comparaison ramenée à l'unité pour rendre l'appréciation plus facile :

La quantité de lumière de gaz qui couterait	1 fr.	» c.
équivaut à une dépense :		
En huile, de........................	4	52
En chandelle, de....................	5	»
En bougie, de.......................	7	17

Il résulte de cette comparaison que la lumière du gaz est de beaucoup la moins coûteuse, et le serait encore quand même les autres substances seraient réduites au tiers et même au quart du prix actuel, ce qui est certainement hors de probabilité.

Nous insistons auprès de nos lecteurs sur l'importance d'une distribution de la lumière aussi générale que possible dans les diverses parties de la maison. Si l'on observe pour le gaz les mêmes règles d'économie qui sont établies dans les maisons bien ordonnées pour l'usage de la chandelle et des lampes; si la lumière n'est fournie que quand elle est nécessaire, et seulement dans la proportion utile, il ne sera pas difficile d'obtenir encore une réduction notable sur les prix indiqués dans notre tableau.

L'expérience a démontré qu'une lumière dans une maison, quelque petite qu'elle soit, pourvu qu'elle puisse être aperçue du dehors, est le préservatif le plus efficace contre les vols de nuit. Si elle est convenablement placée, elle sera également utile pour toutes les personnes qui habitent la maison. En cas de maladie soudaine, pendant la nuit, n'est-ce pas d'abord une lumière que l'on cherche, et peut-on assez tôt l'obtenir!

Compteur à gaz. — Mesure de la dépense.

Le seul contrôle exact, et incontestablement le plus économique pour l'usage du gaz, est l'emploi du *compteur*. C'est un instrument relié à la conduite extérieure du gaz, et à travers lequel celui-ci doit passer pour arriver aux becs par les tuyaux intérieurs. Cet appareil mesure avec exactitude la quantité consumée, et constate fidèlement le chiffre de cette quantité, remplissant ainsi les fonctions du comptable le plus habile et le plus soigneux. Pour en assurer la parfaite régularité, il suffit d'un examen de quelques minutes, à deux ou trois mois d'intervalle, suivant les circonstances. Le compteur est maintenant d'un emploi presque universel, et c'est à son usage ainsi généralisé qu'il convient d'attribuer les nouvelles réductions du prix du gaz. Il sert également les intérêts du producteur et du consommateur, protége les droits de chacun d'une manière impartiale, et rend inutile l'intervention active de l'un et de l'autre.

Mais quoique le compteur, dont nous donnons ici le dessin, soit remarquable par la simplicité de sa forme,

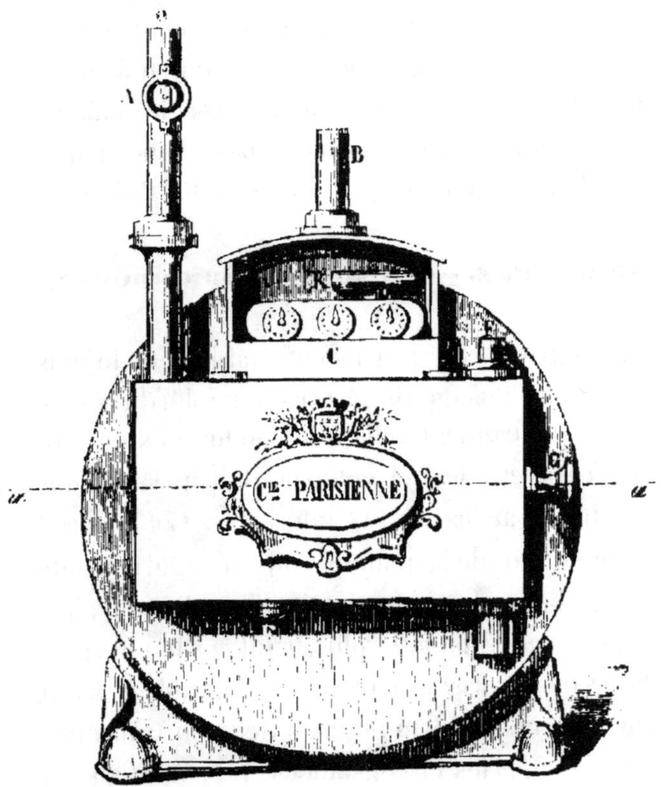

il est assez difficile dans une description écrite de donner une idée bien claire de son fonctionnement. D'une construction peu compliquée, entièrement composé de matières qui ne permettent pas d'altérer sa forme ou ses dimensions, le compteur à gaz est tout uniment l'invention la plus ingénieuse et la plus parfaite que l'esprit de l'homme ait imaginée pour exercer les fonctions d'un intermédiaire incorruptible entre le vendeur et

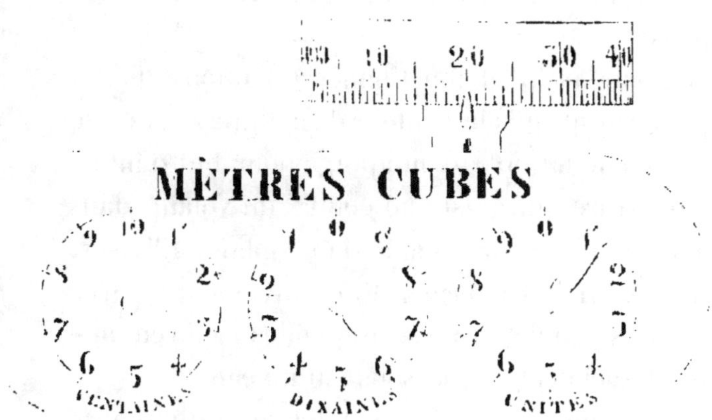

l'acheteur. Une fois placé et mis en mouvement, il n'a plus besoin du secours de personne; son fonctionnement résulte de la seule action du gaz qui le traverse, et est plus ou moins rapide suivant la quantité employée.

Sa construction. — Son exactitude.

Le compteur exclusivement en métal, a pour parties principales une caisse extérieure de forme cylindrique et un tambour ou volant intérieur traversé par un axe ou arbre de couche et divisé en quatre cellules ou chambres égales mais disposées d'une manière oblique. Les ouvertures de ces chambres, que l'on nomme l'entrée et la sortie, se trouvent aux deux extrémités du volant, et disposées de manière qu'une cellule se remplit pendant que la voisine se vide, et qu'il est impossible que l'une et l'autre soient en même temps vides ou remplies.

Le compteur ne peut fonctionner qu'autant qu'il a été rempli d'eau jusqu'à la hauteur de la ligne *a a*. Cette eau, élevée jusqu'au niveau indiqué, a pour but d'intercepter l'ouverture qui existe au centre du volant, dans lequel on introduit le gaz à l'aide d'un siphon. Elle sert également à ouvrir et à fermer alternativement l'entrée et la sortie des cellules à mesure qu'elles s'élèvent au-dessus ou descendent au-dessous du niveau.

Nous avons déjà dit que les chambres qui divisent le volant sont faites en métal. Une seule des parois, l'inférieure et la plus petite, se trouve accidentellement formée par la surface même de l'eau. C'est à cette disposition de l'instrument qu'il doit sa réputation justement méritée d'être une mesure exacte, fonctionnant régulièrement et sans bruit, avec un frottement presque insensible, et dans les meilleures conditions pour être vérifié en tout temps.

La force qui met le compteur en mouvement est celle qui est communiquée au gaz lui-même à l'usine, qui le pousse dans les conduites avec plus ou moins de rapidité, suivant que la *pression* est plus ou moins grande. Quand un compteur vient d'être mis en place, la partie du volant qui est au-dessus du niveau de l'eau est remplie d'air; en ouvrant le robinet et un ou plusieurs becs, le gaz entre aussitôt dans celle des chambres du volant dont l'entrée est au-dessus et la sortie au-dessous de la surface d'eau. Avant que le gaz puisse arriver jusqu'aux becs, il faut qu'il ait rempli cette chambre, et pendant que cette opération s'accomplit, celle qui était pleine d'air le renvoie dans les tuyaux. En même temps, la partie qui s'est chargée de gaz s'élève au-dessus du niveau de l'eau, celle qui s'est vidée descend au-dessous, et ainsi de suite successivement. Le gaz pénètre alors dans les tuyaux de l'intérieur, et peut être allumé dès qu'il a complètement chassé l'air qui s'y trouvait. Observons ici que le gaz ne traverse pas l'eau, mais passe au-dessus, et c'est en remplissant et en quittant alternativement l'une après l'autre les quatre cellules du volant, qu'il le fait tourner autour de son axe. Ainsi, de même que le gaz ne peut arriver jusqu'aux becs sans traverser le compteur et le mettre en mouvement, de même rien ne peut le faire fonctionner, excepté le gaz à son passage.

L'axe sur lequel tourne le volant se prolonge au-delà du support de devant, et, au moyen d'une vis sans fin qui engrène une roue dentée, communique son mouvement à un arbre vertical dont l'extrémité supérieure pénètre jusque dans la boîte des cadrans. Là il transmet le mouvement qu'il a reçu du volant à un système de rouages, semblables à ceux qui sont en usage dans l'horlogerie, et au moyen d'aiguilles adaptées à une série de trois, quatre ou cinq cadrans (index), la quantité de gaz mesurée est en même temps enregistrée.

L'index dont nous avons donné le dessin ci-dessus est suffisant pour marquer une consommation de 1 à 1000 mètres cubes. En haut de l'index, au coin de droite, on peut remarquer un petit cylindre de peu de hauteur, portant à sa circonférence des divisions qui passent successivement devant une aiguille fixe. Ces divisions servent à indiquer les quantités moindres que le mètre cube, et chacune d'elles représente un ou plusieurs litres suivant la capacité du compteur.

Chaque compteur, dont le calibre varie en proportion du nombre de becs qu'il doit alimenter, c'est-à-dire de 2 à 500 et plus, est construit de telle sorte que toutes les révolutions du volant livrent passage à une quantité de gaz toujours égale et qui est une partie déterminée du mètre, ou même un certain nombre de mètres, pour les fortes dimensions. Prenons un exemple : Un compteur a son volant divisé en quatre chambres dont chacune contient 5 litres de gaz. Une révolution fournit 20 litres et cinquante révolutions fournissent 1,000 litres ou un mètre cube, et ainsi de suite tant que le compteur est en marche. De cette manière, nous démontrons la concordance nécessaire entre la quantité consommée et la quantité enregistrée à l'index.

La bonne marche du compteur dure aussi longtemps que les pièces principales ou parties actives qui le composent. Nous en avons vérifié un grand nombre, qui fonctionnaient encore après une durée extraordinaire (vingt ans quelquefois), et toujours nous avons constaté un mesurage régulier, quoique l'enveloppe extérieure fût souvent si délabrée qu'elle se soutenait à peine.

Le meilleur emplacement pour un compteur est une cave ou tout autre endroit frais et fermé ; il est important qu'il ne soit pas exposé aux variations d'un froid ou d'une chaleur extrême. Si la température dans laquelle il se trouve est trop élevée, l'eau qu'il contient est soumise à une évaporation rapide qui nécessite une plus grande surveillance et influe sur l'exactitude de la mesure. On aura soin de le placer parfaitement de niveau sur un support solide et d'un accès facile, mais à l'abri des secousses produites par le passage des voitures ou par l'ouverture et la fermeture des grosses portes.

Il existe plusieurs sortes de compteurs secs qui, par la forme extérieure et intérieure diffèrent sensiblement de ceux que nous venons de décrire. Dans leur construction il entre du métal et du cuir, celui-ci ayant subi une préparation pour le rendre flexible et imperméable au gaz. Le peu de solidité de cette dernière substance, lorsqu'elle est soumise à l'action délétère des résidus du gaz, a fait proscrire en France l'usage des compteurs de ce système, et comme nous pensons que cette proscription est motivée, nous renonçons à en occuper nos lecteurs plus longuement.

Contrôle personnel.

Il y a bien des personnes qui ont un compteur chez elles et qui n'ont jamais cherché même à savoir lire la dépense sur le cadran. C'est une faute. Quelques minutes suffisent pour cela, et une fois appris, il est quasi impossible de l'oublier. Cette négligence est d'autant plus surprenante, qu'il est assez dans nos habitudes d'avoir confiance en nos connaissances personnelles, même dans les choses les moins importantes, plutôt que d'être obligés de nous en rapporter aveuglément au dire des autres.

Dans l'index dont nous avons donné le dessin plus haut, le premier cadran à droite de l'observateur est destiné à marquer les cubes ou unités, le cadran du milieu des dizaines, et celui de gauche les centaines. Le même dessin représente l'aiguille des unités placée entre les chiffres 7 et 8, ce qui indique une consommation de. . . . . 7 mèt. cub.

L'aiguille des dixaines placée entre les chiffres 6 et 7, ce qui indique une consommation de 6 dizaines, ou. . . . 60

Enfin l'aiguille des centaines placée entre les chiffres 1 et 2, ce qui indique une consommation de 1 centaine, ou. 100

Total de la dépense. . . . . 167 mèt. cub.

Si cette dépense de 167 mètres est la première que l'on ait constatée au compteur, et que, en procédant comme ci-dessus, la seconde observation indique par exemple, une somme de.................... 320

il faut établir la différence entre ces deux quantités, qui est de......... 153 mèt. cub. représentant la consommation de gaz depuis le relevé précédent.

Il arrive quelquefois que le chiffre des dizaines ou celui des centaines paraît couvert par l'aiguille avant que la quantité exprimée par ce chiffre soit entièrement consommé : il peut en résulter une erreur dans le relevé. Supposons que l'aiguille des centaines couvre à peu près le chiffre 5, ce qui semblerait indiquer une consommation de 500 mètres : avant de passer outre, assurez-vous que l'aiguille des dixaines a fait le tour entier de son cadran et est revenue à zéro, car si elle était encore sur le chiffre 8 ou 9 des dizaines, ce serait une preuve que la 5e centaine n'est pas encore accomplie, et que le chiffre 4 des centaines seulement doit être compté. Ajoutons que cette erreur d'évaluation n'a que peu d'importance et se trouve nécessairement rectifiée dans le relevé suivant.

Les occasions d'économie sont plus nombreuses dans les maisons particulières que dans les bureaux, les boutiques, les magasins et autres endroits destinés aux affaires, qui restent ouverts au public un certain nombre d'heures.

Nous avons prouvé jusqu'à l'évidence l'économie qui résulte de l'emploi du gaz dans les maisons particulières, quelle que soit leur importance, qu'elles se composent de trois ou quatre pièces seulement ou d'un nombre dix fois plus grand. Que l'on suive exactement dans l'application les principes que nous venons d'exposer dans ces quelques pages, et la substitution du gaz aux autres modes d'éclairage ne sera jamais pour personne une source de danger ou d'inquiétude.

Économie d'argent et de temps.

L'économie ne forme qu'un seul des avantages que présente la lumière du gaz : d'un autre côté, ce n'est pas un mince profit dans une famile de gagner le temps employé ordinairement au nettoyage des chandeliers, des mouchettes ou des lampes ; de se mettre à l'abri de la saleté et de l'odeur de la chandelle et de l'huile, et de n'avoir plus à craindre la perte et le gaspillage de ces substances, par accident, mauvais emploi ou négligence. Mais tout cela est peu de chose en comparaison du danger supprimé, de ce danger qui menace toute maison où l'emploi de la chandelle n'est pas l'objet d'une surveillance incessante. Que l'on dise ce que l'on voudra, nous maintenons que les risques de l'éclairage au gaz comparés à ceux des autres modes, ne sont pas dans les proportions de 1 pour 100. Si maintenant nous ajoutons à toutes ces considérations la commodité confortable de cet éclairage vous n'hésiterez plus à l'appliquer dans toutes les pièces ou passages de votre maison, sans même en excepter les chambres à coucher.

Toujours à sa place, vous n'avez qu'à désirer la lumière pour l'avoir ; non plus cette lumière vacillante et irrégulière qui venait frapper juste à la hauteur des yeux, mais une clarté uniforme et pure, que vous pouvez modérer très-exactement à votre volonté, suivant les besoins auxquels elle est destinée, et toujours assez éloignée de l'organe de la vue pour ne jamais être incommode.

Usage facile.

Pour apprendre ce qu'il est nécessaire de savoir dans l'usage *domestique* du gaz, il faut une demi-heure. Mais quoiqu'il soit extrêmement facile d'ouvrir un robinet, de le fermer, de le régler, il ne faut pourtant pas se figurer que l'on est complètement déchargé de tout soin. Les becs doivent être examinés de temps en temps, les fentes entretenues de manière à laisser passer librement le gaz, et les verres nettoyés. Si, par un accident, ou même par l'usage, il survient quelques défectuosités dans les tuyaux ou dans les appareils, que la réparation soit faite sur le champ.

L'effet des globes dépolis et gravés a besoin d'être expliqué un peu particulièrement pour être bien compris. Quoique cet effet soit agréable pour le coup d'œil, il n'en est pas moins vrai qu'ils sont un obstacle à la lumière, et en font perdre une partie. Dans les meilleures conditions, la quantité absorbée par ces globes est du quart à peu près ; tandis que s'ils sont altérés par la chaleur ou laissés par négligence dans un état de malpropreté, la perte n'est pas moins de la moitié. Pour obvier à cet inconvénient, on a l'habitude de brûler plus de gaz, et par suite la chaleur est aussi augmentée. Mais si, au lieu de cela, on employait des globes dépolis et gravés à la partie supérieure seulement et sur les côtés, la partie inférieure étant laissée parfaitement transparente, la lumière serait projetée de haut en bas, précisément à l'endroit où elle est nécessaire, et se répandrait adoucie et parfaitement égale dans les autres parties de l'appartement.

On reconnaîtra bientôt par la pratique comment doit être réglé chaque bec, suivant sa place, sa forme et son calibre. Rien ne peut justifier le gaspillage. Les gens de service tâcheront de bien comprendre qu'il est tout au moins aussi nuisible aux intérêts de leurs maîtres, que celui du pain, de la viande ou du bois. Personne ne profite de ces pertes inutiles ou extravagantes. Celui qui les cause ou les tolère par insouciance, fait tout au moins un acte de folie ; mais si c'était volontairement, cette folie devrait être autrement qualifiée : ce serait de l'improbité.

Quelque déraisonnable que cela paraisse, le manque de soins dans l'éclairage intérieur conduit souvent à élever des plaintes contre les compagnies de gaz. En réalité, celles-ci n'ont pas plus à s'occuper de la dépense des becs chez leurs abonnés, que de leur thé ou de leur sucre, ou encore du contenu de leur cave.

Toutes conditions égales, d'ailleurs, on ne peut disconvenir qu'une maison convenablement éclairée par le gaz ne soit plus confortable, d'une meilleure apparence, et mieux ventilée, qu'une autre maison dans laquelle on aurait conservé l'ancien mode d'éclairage. Les murailles, les plafonds, l'ameublement se maintiennent plus secs et plus sains ; en outre, l'usage du gaz entretient constamment l'air en circulation, ce qui produit jusqu'à un certain point un bon effet de ventilation.

Les personnes qui voudraient acquérir la connaissance pratique des avantages du gaz, et qui tout d'abord préféreraient n'employer qu'une ou deux lumières peuvent commencer par appliquer un bec de petite consommation dans les vestibules ou les escaliers ; ou bien encore ce bec peut être établi au-dessus de la porte extérieure, de telle sorte que, non-seulement il envoie sa lumière à l'intérieur, mais encore qu'il serve à guider du dehors vers l'entrée de la maison. Dans ce cas, si l'appareil est bien construit, les résidus de la combustion devront s'échapper à l'extérieur.

Dans les nouvelles constructions, les architectes feraient bien à cet effet de ménager une large ouverture au-dessus de la porte, qui serait destinée à recevoir une lampe convenable. Ils devraient bien songer aussi à rendre facile l'application ultérieure et la distribution générale du gaz; car il est aisé de prévoir le temps où nulle maison ne voudra être privée de ses avantages.

Application au chauffage et à la cuisine.

Outre le bienfait d'une belle lumière économique, le gaz peut encore trouver un bon emploi pour beaucoup d'autres objets: ainsi le chauffage par le gaz n'est pas une découverte nouvelle. Jusqu'à ce jour, la dépense était trop grande pour que l'usage ait pu devenir général; mais désormais cette raison n'existe plus. Depuis quelque temps, on a introduit de larges améliorations dans l'application du gaz aux besoins qui intéressent la commodité et même le luxe de la vie intérieure.

Au moyen d'un appareil de la construction la plus simple, le gaz sert aujourd'hui à rôtir, à frire, à bouillir, à cuire au four, à la vapeur, sur le gril, et tout cela avec une précision qu'il est certainement impossible d'obtenir du feu ordinaire. Une expérience de deux ou trois jours suffit aux personnes de service pour réussir parfaitement dans toutes ces diverses opérations : en même temps, ce mode réclame moins d'attention et de dérangement que la méthode ordinaire. Rôtir au gaz, est surtout la perfection de l'art de la cuisine : la viande est cuite uniformément et en même temps dans tous les sens, et le jus, qui contribue pour une si grande part aux qualités nutritives et à la délicatesse de la saveur, est maintenu dans la pièce rôtie jusqu'à ce qu'elle paraisse sur la table.

Appareils.

On fait pour la cuisine des poêles à gaz de toutes dimensions, suivant les besoins des familles grandes ou petites, des pensions, des hôtels et autres établissements publics. Comme on peut rôtir, bouillir et cuire au four, aussi bien ensemble que séparément, il ne sera que très-rarement besoin dans une famille d'allumer un feu ordinaire. Pour faire des conserves de fruits, et pour toute opération en général qui demande un feu bien réglé et d'une surveillance facile, la chaleur du gaz est supérieure à toute autre. Observons, en outre, que dans l'emploi du gaz comme chauffage, il n'y a point de perte de temps ni de matière, point de bruit, point de saleté, point de fumée. On obtient en un instant le plein effet de la chaleur, qui peut être appliquée juste où elle est nécessaire ; et lorsqu'elle a rempli son office, elle est supprimée tout aussi rapidement.

On peut conserver un petit bec allumé toute la nuit dans une chambre à coucher, dans un cabinet de toilette, ou dans une chambre d'enfants. La dépense est de un ou deux centimes ; mais ce n'est pas là le seul avantage. En un instant, cette lumière peut être augmentée de manière à chauffer rapidement le manger des enfants ou des malades, ou bien de l'eau pour se raser et se laver. La promptitude avec laquelle on peut chauffer de l'eau par le moyen du gaz, ajoute encore à sa valeur : il ne faut que dix ou douze minutes et une dépense de moins de 50 centimes pour élever la température d'un bain ordinaire de 10 à 32 degrés centigrades.

Dans certaines maisons, il y a des pièces qui deviennent presque inhabitables en hiver, parce qu'elles n'ont que des cheminées mal construites formant un courant d'air de haut en bas, ou encore parce qu'elles en sont complètement dépourvues. Ces pièces peuvent être très-convenablement chauffées avec des poêles à gaz ; la quantité de chaleur produite pouvant toujours être réglée d'une manière si parfaite qu'il est extrêmement facile d'obtenir et de conserver une température uniforme et suivant les besoins, quelles que soient les variations de la température extérieure : en même temps la ventilation peut être établie aussi efficacement que le chauffage.

Un poêle à gaz placé dans le vestibule est un moyen simple, commode et économique de distribuer une chaleur agréable et uniforme dans toutes les parties de la maison. Il est facile de donner issue aux produits de la combustion au moyen d'une cheminée, ou, s'il est nécessaire, d'une conduite ménagée à une certaine distance, à quinze ou vingt mètres, par exemple : on se sert pour cela de tuyaux montants ou descendants, en prenant cette seule précaution, qu'ils ne puissent être surchauffés.

Dans tous les cas où le gaz est substitué au feu ordinaire pour le chauffage, la cuisine, ou pour tout autre objet, il faut avoir pour but de conserver la plus grande quantité possible de chaleur, tout en ayant soin d'expulser au-dehors la vapeur et les produits gazeux de la combustion au moyen d'un tuyau convenable en communication avec une cheminée. Personne aurait-il jamais eu l'idée d'allumer du feu avec du bois, du charbon ou du coke, dans une pièce sans issue? Il est vrai que le gaz bien brûlé ne donne pas de fumée; mais il s'en échappe d'autres produits exactement semblables à ceux du charbon et du coke, et qui pour être invisibles, n'en sont pas moins malfaisants.

Une considération importante qui se rattache au chauffage par le gaz, c'est le bon marché relatif des appareils qui lui sont spéciaux, la sécurité de leur emploi et la facilité avec laquelle on peut les adapter dans une pièce quelconque, ou les transporter dans une autre, si c'est nécessaire, ou encore les supprimer entièrement; en tout cas, c'est un travail de quelques heures pour lequel il n'est besoin de déranger ou de démolir aucune partie de l'habitation.

On a essayé en dernier lieu beaucoup de systèmes de chauffage et de ventilation, sans employer des feux découverts; mais le vice dominant, c'est de trop chauffer et de ne pas assez ventiler.

Qu'une pièce soit grande ou petite, il faut éviter d'avoir d'un côté un courant d'air glacial, et de l'autre une chaleur brûlante. Pour rendre son atmosphère agréable et saine, la chaleur doit être naturelle, également répandue partout, et l'air constamment renouvelé.

Dans nos climats si variables, où les conditions ne restent les mêmes presque jamais deux jours de suite, il est extrêment difficile de prévoir tous les cas ; et dans les dispositions à prendre pour le chauffage, l'éclairage et la ventilation, il convient de tenir compte des changements si subits et si profonds de température et de saison. Quoi que nous fassions, l'arrangement le plus habile et le mieux raisonné n'arrivera jamais à la perfection, et tous nos efforts doivent tendre seulement à ce qui est nécessaire dans les conditions le plus habituelles, sans faire trop d'attention aux cas extrêmes.

On pourrait s'épargner bien des dépenses et des ennuis, si, dans les soins que l'on prend dans son intérieur pour sa santé et ses plaisirs, on examinait avec plus d'attention et l'on imitait de plus près ce qui se fait constamment au-dehors. Les procédés de la nature sont nos meilleurs guides ; ses principes sont à la portée de toutes les intelligences, parce qu'ils sont simples, faciles et invariables. C'est en elle que nous trouvons les leçons les plus profitables et l'enseignement le plus réel, l'enseignement de l'exemple. C'est en elle que nous trouvons l'application la plus belle et la plus parfaite des moyens qu'il convient d'employer pour le but qu'on se propose ; et cette application se fait toujours sans perte aucune de force ni de matière

J. GATLIFF.

P. PERS.

FIN.

A. GUYOT, IMPRIMEUR DE L'ORDRE DES AVOCATS,
Rue Neuve-des-Mathurins, N° 18.

www.ingramcontent.com/pod-product-compliance
Lightning Source LLC
LaVergne TN
LVHW012016160826
845678LV00002B/858

* 9 7 8 2 3 2 9 6 6 5 6 9 6 *